DEUTSCHE AKADEMIE DER WISSENSCHAFTEN ZU BERLIN

VORTRÄGE UND SCHRIFTEN

HEFT 77

*HELMUT MICHAEL*

# ÖKONOMIE UND MATHEMATIK

AKADEMIE-VERLAG · BERLIN

1962

Vortrag gehalten auf der Sitzung der Sektion
Wirtschaftswissenschaften der Deutschen Akademie
der Wissenschaften zu Berlin am 27. 9. 1961

Erschienen im Akademie-Verlag GmbH, Berlin W 8, Leipziger Straße 3-4

Lizenznummer: 202 · 100/24/62
Gesamtherstellung: IV/2/14 · VEB Werkdruck Gräfenhainichen · 1755
Bestellnummer: 2003/77 · ES 5 B 3 · Preis: DM 2,–
Printed in Germany

Die Probleme der Anwendung mathematischer Methoden in der Ökonomie rücken in der letzten Zeit in immer stärkerem Maße in den Gesichtskreis allgemeinen Interesses.

In Moskau fand im April 1960 eine wissenschaftliche Tagung über die Anwendung mathematischer Methoden in der ökonomischen Forschung statt, die auf Initiative der Akademie der Wissenschaften der UdSSR einberufen worden war und auf der 59 wissenschaftliche Referate vorgetragen und erörtert wurden.

In der CSSR werden in einer Reihe von Instituten der einzelnen Industriezweige zum Teil schon seit mehreren Jahren Untersuchungen über die Anwendung der Mathematik bei speziellen Problemen, z. B. beim Zuckerrübenbau, beim Ziegeltransport usw. durchgeführt. In der Ungarischen Volksrepublik wurden insbesondere im Zusammenhang mit der Aufstellung und Ausnutzung von Verflechtungsbilanzen, aber auch auf vielen anderen Gebieten ökonomisch-mathematische Modelle entwickelt und die entsprechenden Berechnungen auf Elektronenrechenmaschinen durchgeführt.

In der DDR ist ebenfalls zu verzeichnen, daß sich eine Reihe von Institutionen seit geraumer Zeit mit den genannten Problemen beschäftigt.

Zeitlich an erster Stelle stehen dabei die in den Leuna-Werken „Walter Ulbricht" aufgestellten ökonomisch-mathematischen Modelle über die im Werk vor sich gehenden vielfach verflochtenen Prozesse sowie ihre ständige Ausnutzung zu Berechnungen bei der Planung und Leitung des Betriebes. An einer Reihe von Institutionen der Universitäten und Hochschulen, besonders den Instituten für Statistik, wurden einige Probleme untersucht und eine Reihe von Beispielen für die Anwendung mathematischer Methoden in der Ökonomie geschaffen. Die ökonomischen Sektionen und Institute der Deutschen Bauakademie und der Deutschen Akademie der Landwirtschaftswissenschaften schenken seit längerer Zeit den Fragen der Anwendung der Mathematik und der modernen Rechentechnik große Bedeutung.

Auf der 12. Tagung des ZK der SED wurde die große Bedeutung der Anwendung der Mathematik auf ökonomischem Gebiet durch folgende Worte gekennzeichnet:

> „Es ist also wichtig, daß die Plankommission in den nächsten ein und zwei Jahren Verflechtungsbilanzen ausarbeitet, die die vielseitigen Wechselbeziehungen der Wirtschaft sichtbar machen.
> Die Ausrüstungsbilanzen müssen zu einem wissenschaftlich fundierten aussagekräftigen Instrument der Planung und Leitung werden.
> Es ist notwendig, eine grundsätzliche Ordnung über die Verbesserung der Planung, Leitung und Kontrolle der Schwerpunktaufgaben auszuarbeiten. Auch die wirtschaftszweigweise und territoriale Koordinierung und Bilanzierung der Pläne von der Staatlichen Plankommission zu den Bezirken und von den Bezirken zu den Kreisen ist wesentlich zu verbessern.
> Die Planmethodik muß so geändert werden, daß sie die Initiative der Werktätigen nicht mehr einseitig auf die Erfüllung der Bruttokennziffern, sondern besser auf die sortiments-, qualitäts- und termingerechte Auslieferung der Erzeugnisse orientiert.
> Um die komplizierten Aufgaben exakt lösen zu können, kommt es darauf an, mathematische Methoden anzuwenden und moderne Rechenanlagen einzusetzen, damit sich die Staatliche Plankommission mehr als bisher auf die Grundfragen der Planung und Leitung konzentrieren kann.
> Auch das System der statistischen Abrechnung und Berichterstattung muß vereinfacht und mit modernen Maschinen durchgeführt werden.“

In diesem Zusammenhang entsteht die Frage, welche Ursachen für die verstärkte Anwendung mathematischer Methoden auf ökonomischem Gebiet maßgebend sind, zumal noch vor einigen Jahren die Beschäftigung mit Mathematik bei vielen Ökonomen auf entschiedene Ablehnung stieß.

Vor den Ökonomen, sowohl vor den in der Wissenschaft tätigen, als auch vor den in der Praxis arbeitenden Ökonomen steht die Aufgabe, Methoden und Verfahren auszuarbeiten und Maßnahmen einzuleiten, die eine ununterbrochene Erweiterung und Vervollkommnung der Produktion gewährleisten. Bei allen Entscheidungen muß die Erzielung des höchstmöglichen Nutzeffektes gewährleistet sein. Um diese Entscheidungen richtig zu fällen, ist es notwendig, alle auf das Ergebnis wesentlichen Einfluß nehmenden Faktoren zu berücksichtigen.

Die Betrachtung der Entwicklung der Wirtschaft zeigt deutlich, daß die Zusammenhänge immer komplizierter und unübersichtlicher werden und daß die gegenseitigen Abhängigkeiten immer mehr zunehmen. Diesen Vorgang kann man z. B. sehr deutlich an der sog. Chemisierung der Industrie verfolgen. Während vor noch gar nicht allzulanger Zeit die chemische Industrie ein verhältnismäßig in sich abgeschlossener Zweig war, kann man heutzutage wohl kaum noch einen Industriezweig finden, der nicht wesentliche Verflechtungen mit der chemischen Industrie aufweist bzw. chemische Technologien anwendet.

Ein anderer Vorgang, der die ständige Zunahme der Kompliziertheit der Volkswirtschaft zum Ausdruck bringt, ist die Vertiefung der Arbeitsteilung. Auch in der Erhöhung der Zahl der produzierten verschiedenartigen Erzeugnisse kommt diese Tendenz zum Ausdruck.

Es ist naheliegend, daß diese Vorgänge die Ökonomen veranlassen, sich bei der Mathematik nach geeigneten Methoden umzusehen, die bei der Analysierung ihrer Probleme eine Hilfe bringen können. Es ist aber nicht nur zweckmäßig, sondern in vielen Fällen unumgänglich notwendig, sich mathematischer Verfahren zu bedienen.

Ein Beispiel hierfür ist die Bestimmung des günstigsten Standortes für einen neu einzurichtenden Industriebetrieb. Ein solcher Standort ist abhängig von sehr vielen Faktoren:

von dem Vorhandensein der erforderlichen Anzahl von Arbeitskräften,
von den Möglichkeiten zur ausreichenden Wasserversorgung,
von dem Vorhandensein der Rohstoffe bzw. möglichst kurzer Transportwege
und
von vielen anderen Faktoren.

Wir wollen annehmen, der Transport der Rohstoffe sei das Hauptproblem. Handelt es sich um zwei verschiedene Rohstoffe, z. B. um Kohle und Erz für ein Hochofenwerk, so ist das Problem noch einfach zu übersehen und zu lösen. Das Hochofenwerk braucht, wie wir annehmen wollen, Kohle und Erz im Verhältnis 2:1,

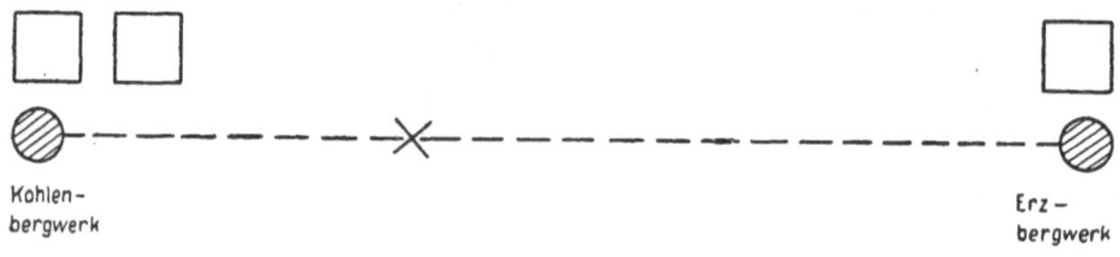


dann kann man zwischen beiden Bergwerken im Verhältnis 1:2 ihrer Entfernung das Hochofenwerk errichten oder man errichtet zwei Werke mit Kapazitäten im Verhältnis 2:1 an den Kohle- bzw. Erzlagerstätten.

Soll das Roheisen an ein bestimmtes, seinem Standort nach bereits festgelegtes Stahlwerk geliefert werden, so ergibt sich ein Standortproblem, das ohne Zuhilfenahme der Mathematik kaum zu lösen ist.

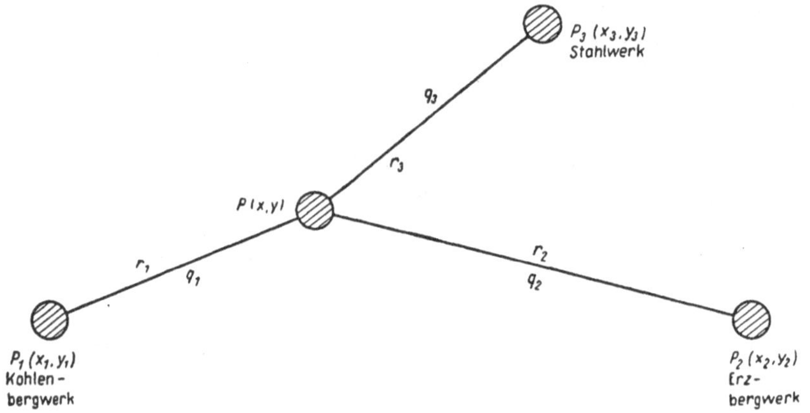


$$r_1 \cdot q_1 + r_2 \cdot q_2 + r_3 \cdot q_3 = \text{Minimum}$$

Bekannt sind die Koordinaten von den Standorten des Kohlenbergwerkes, des Erzbergwerkes und des Stahlwerkes sowie die in einem Zeitabschnitt zu transportierenden Mengen. Der Standort des Hochofenwerkes soll so bestimmt werden, daß die Verkehrsleistung (in tkm) ein Minimum ist.

| | | | |
|---|---|---|---|
| Bekannt: | $x_1\, y_1$ | Gesucht: | $x, y$ |
| | $x_2\, y_2$ | und damit | $r_1\, r_2\, r_3$ |
| | $x_3\, y_3$ | | |
| sowie | $q_1\, q_2\, q_3$ | | |

Der exakte Weg führt über partielle Differentiationen zu den Gleichungen:

$$q_1 \frac{x - x_1}{r_1} + q_2 \frac{x - x_2}{r_2} + q_3 \frac{x - x_3}{r_3} = 0$$

$$q_1 \frac{y - y_1}{r_1} + q_2 \frac{y - y_2}{r_2} + q_3 \frac{y - y_3}{r_3} = 0$$

woraus die Werte $x$ und $y$ berechnet werden können.

Diese Gleichungen ohne Zuhilfenahme mathematischer Überlegungen aufzustellen, ist kaum angängig.

Selbstverständlich kann diese Standortbestimmung nur erster Anhaltspunkt sein, und es müssen alsdann die anderen Faktoren berücksichtigt werden.

In der Praxis sind die Probleme meist komplizierter, damit ist aber die Zuhilfenahme der Mathematik um so notwendiger.

Der Nachweis der Unumgänglichkeit der Anwendung mathematischer Methoden bei der Lösung praktischer ökonomischer Aufgaben ist also ziemlich leicht zu erbringen. Die Notwendigkeit der Anwendung der Mathematik in der Ökonomie läßt sich aber generell aus den Grundzügen des Dialektischen Materialismus ableiten.

Diese Ableitung erscheint besonders wichtig, da es ja nur die eine Aufgabe der Wissenschaft ist, Methoden und Mittel zur Ausnutzung der objektiven ökonomischen Gesetze im Interesse des gesellschaftlichen Fortschritts zu erarbeiten. Die zeitlich erste Aufgabe besteht doch wohl darin, die Gesetze von Natur und Gesellschaft zu erkennen.

Der Dialektische Materialismus lehrt, daß die Gesamtheit der wesentlichen Züge eines Dinges, einer Erscheinung seine Qualität ausmacht. Aber die Dinge und Erscheinungen besitzen nicht nur qualitative, sondern auch quantitative Eigenschaften. Sie kommen in der Größe, in der Anzahl, aber auch in der strukturellen Anordnung und in der geometrischen Raumbestimmung zum Ausdruck. Hieraus ergibt sich, daß allseitige wissenschaftliche Untersuchungen von Erscheinungen und Prozessen sowohl die qualitativen als auch die quantitativen Seiten erfassen müssen. Da die qualitative Seite das Wesen eines Dinges beinhaltet, muß ihre Untersuchung natürlich den Ausgangspunkt bilden.

Eine tiefgehende Einsicht in die Zusammenhänge der objektiven Realität liegt aber erst dann vor, wenn auch die quantitative Seite erforscht ist. Die quantitative Analyse ist aber untrennbar mit der Anwendung mathematischer Methoden verbunden.

Der führende sowjetische Wissenschaftler auf dem Gebiet der Anwendung mathematischer Methoden in der Ökonomie, W. S. Nemtschinow, sagte in diesem Zusammenhang:

> „Die Wirtschaftswissenschaft, die ihre theoretische quantitative Analyse auf die tiefe wissenschaftliche Erkenntnis der qualitativen Besonderheiten der sozialistischen Wirtschaft gründet, kann und muß unter den Bedingungen des Sozialismus zu einer exakten Wissenschaft werden."

Diese These sollte man nicht in der Form ablehnen, wie es Dr. Gerd Friedrich in seinem Artikel in der Zeitschrift 'Wirtschaftswissenschaft' tut, indem ein falscher Wissenschaftsbegriff unterstellt wird. Der Begriff „Exakte Wissenschaft" ist doch nicht mit dem Begriff „Wissenschaft" identisch. Und wenn man solche Wissenschaft wie die Biologie vor nicht gar zu langer Zeit keinesfalls als „Exakte Wissenschaft" bezeichnen konnte, so ist damit doch nicht gesagt, daß die Biologie zu dieser Zeit keine „Wissenschaft" war.

Auf der eingangs erwähnten Tagung sagte A. N. Nesmejanow als Präsident der Akademie der Wissenschaften der UdSSR:

> „Eine exakte Wissenschaft ist eine solche Wissenschaft, die zu zahlenmäßig-quantitativen Ergebnissen kommt."

In diesem und nur in diesem Sinne sollte man den Begriff „Exakte Wissenschaft" anwenden. Alles was nicht exakt wissenschaftlich ist, ist damit noch lange nicht unwissenschaftlich. Ergänzend hierzu muß man bemerken, daß eine Untersuchung allerdings selbst dann unwissenschaftlich sein kann, wenn komplizierte mathematische Methoden zur Anwendung gelangen.

Es wird in diesem Zusammenhang zuweilen die Frage aufgeworfen, ob denn die Klassiker des Marxismus-Leninismus keine exakte Wissenschaft geschaffen haben?

Marx und Lenin haben der Untersuchung der quantitativen Seiten in den ökonomischen Erscheinungen und Prozessen durchaus keine untergeordnete Rolle beigemessen und haben auch die Anwendung der

Mathematik nicht gescheut. Sie haben damit die Politische Ökonomie als exakte Wissenschaft begründet.

Zeitweise haben aber viele Ökonomen die Wirtschaftswissenschaften und insbesondere die Politische Ökonomie lediglich als Wissenschaften von den qualitativen Gesetzmäßigkeiten betrachtet und dabei die große Bedeutung theoretischer Analysen der quantitativen Seite der ökonomischen Entwicklungsgesetze des Sozialismus außer acht gelassen.

Vergleicht man beispielsweise in der ersten Auflage des Lehrbuches „Politische Ökonomie" den ersten Teil über den Kapitalismus mit dem zweiten Teil über den Sozialismus, so muß man wohl zu der Ansicht kommen, daß der erste Teil exakter ist als der zweite.

Die Frage der Exaktheit spielt bei dem behandelten Thema noch speziell auf dem Gebiete der Begriffsbildung eine wichtige Rolle. Die Anwendung der Mathematik erfordert eine exakte Definition der Erscheinungen und eine präzise Darstellung der qualitativen Zusammenhänge. Zum Beispiel ist es bei der Untersuchung der Entwicklung der Arbeitsproduktivität gegenüber dem Durchschnittslohn notwendig, von einer exakten Definition der Arbeitsproduktivität auszugehen, andernfalls wird man zu keinen sehr aussagekräftigen Resultaten kommen.

Wenn man nach den Ursachen für eine stärkere Anwendung der Mathematik auf dem Gebiete der Politischen Ökonomie des Sozialismus in den letzten Jahren sucht, so sollte man eine der Ursachen auch darin sehen, daß in der exakten Begriffsbildung und der präzisen Darstellung der ökonomischen Gesetze wesentliche Fortschritte gemacht wurden. Exakte Definitionen sind aber nicht einseitige Voraussetzung für die Anwendung mathematischer Methoden. Es ist hier eine Wechselwirkung zu verzeichnen; die Mathematik führt auch zur Herausbildung exakter Begriffe und Formulierungen bei den Wissenschaften, denen sie dient.

W. S. Nemtschinow schreibt hierzu:

> „Die Übertragung der gegebenen wissenschaftlichen Begriffe in die strenge und exakte Sprache der Mathematik führt zu einer Präzisierung der wissenschaftlichen Vorstellungen und zur Vervollkommnung der entsprechenden wissenschaftlichen Disziplinen."

Die Mathematik dient der Ökonomie, also nicht nur als Hilfsmittel zur Vorbereitung und Durchführung numerischer Rechnungen für einzelne konkrete Untersuchungen und für die praktische Lösung von

Planungs- und Leitungsaufgaben, sondern auch bei der theoretischen Weiterentwicklung.

Typisches Beispiel für die Anwendung der Mathematik bei theoretischen ökonomischen Untersuchungen sind die Reproduktionsschemata, typisches Beispiel allerdings auch dafür, wie man die Mathematik mißbrauchen kann.

Etwa bis zum Jahre 1954 wurde in vielen Büchern über Probleme der Politischen Ökonomie wie auch in Vorlesungen an Universitäten und Hochschulen das Gesetz vom vorrangigen Wachstum der Abt. I gegenüber der Abt. II aus den Marxschen Reproduktionsschemata abgeleitet; Hauptinhalt dieser Gleichungen ist bekanntlich die Bedingung für die erweiterte Reproduktion

$$v_I + m_I > c_{II}\,,$$

wobei die oft übersehene Nebenbedingung $c:v =$ const besteht.

Der entscheidende gedankliche Fehler, den man macht, wenn man aus dieser Bedingung das Gesetz vom vorrangigen Wachstum ableitet, ist der, daß man die Ungleichung differenziert

$$\frac{\partial (v_I + m_I)}{\partial t} > \frac{\partial (c_{\,I}}{\partial t}$$

und dann daraus schließt

$$\frac{\partial}{\partial t}\text{Abt. I} > \frac{\partial}{\partial t}\text{Abt. II}\,,$$

wobei sich der zweite Schritt aufgrund der bestehenden Bedingung $c:v =$ const sogar weitgehend rechtfertigen läßt. Der Fehler liegt also darin, daß man eine Ungleichung differenziert.

Denselben Fehler würde man letzten Endes machen, wenn man aus der Tatsache, daß von zwei in Bewegung befindlichen Fahrzeugen das erstere eine größere Geschwindigkeit hat, schließen wollte, daß dann dieses Fahrzeug während der selben Zeit auch eine größere Beschleunigung und damit einen größeren Energieverbrauch bei sonst gleichen Bedingungen hat.

Die Ableitung des Gesetzes vom vorrangigen Wachstum der Abt. I gegenüber der Abt. II aus den Reproduktionsgleichungen untersuchte

Martin Schuppe in einem Artikel in der Zeitschrift „Statistische Praxis" im Jahre 1954. Er arbeitete dabei nicht mit Differentialen, sondern mit einfachen Gleichungen und Ungleichungen, machte — ohne es auszusprechen — die Voraussetzung $c:v =$ const und kam zu dem Schluß, daß sowohl für

$$v_{I} + m_{I} > c_{II}$$

als auch für

$$v_{I} + m_{I} < c_{II}$$

für unbegrenzte Zeit eine erweiterte Reproduktion möglich ist. Daraus ergibt sich aber letzten Endes, wiederum ohne daß Schuppe es ausspricht, daß das Gesetz vom vorrangigen Wachstum überhaupt nicht existiert.

Die Schlußfolgerungen, die Schuppe aus seiner Arbeit zog, sind besonders deshalb falsch, weil er seine Ergebnisse trotz der vielfachen Abstraktionen auf die konkrete Situation der Jahre 1953/54 anwendete und behauptete, daß für lange Zeit die Abt. II schneller wachsen kann als die Abt. I, d. h. aber letzten Endes, daß der Verbrauch schneller steigen kann als die Produktion.

Diese Arbeit kann man aber in anderer Hinsicht auswerten. Sie stellt ein Beispiel für die Anwendung eines typisch mathematischen Schlußverfahrens dar. Die Mathematik wendet bekanntlich sehr häufig das Verfahren des indirekten Schlusses an. Man geht von einer Annahme aus, führt aufgrund dieser Annahme streng logisch mathematische Operationen durch und kommt zu einem Widerspruch, aus dem sich die Unrichtigkeit der Annahme ergibt.

Schuppe macht die Annahme $c:v =$ const, führt eine Kette von exakten mathematischen Überlegungen durch und kommt zu einem Ergebnis, das mit der Wirklichkeit in Widerspruch steht; also war die Annahme falsch, d. h. die organische Zusammensetzung des Kapitals ist in der Wirklichkeit nicht konstant.

Dieses Ergebnis ist natürlich bekannt, und man kann es direkt erhalten. Trotzdem wäre zu überlegen, ob das Verfahren des indirekten Schlusses nicht auch in der Ökonomie häufig nützlich angewendet werden kann.

Man denke hierbei an den Streit bezüglich der Definition des Begriffes „Arbeitsproduktivität". Soll man die Produktion auf die lebendige oder auf die gesamte Arbeit beziehen? Sollte man bei der Klärung dieses

Problems nicht nach neuen Methoden als Hilfsmittel suchen? Es sei die Frage aufgeworfen, ob hier nicht mathematische Überlegungen, wie z. B. das indirekte Schlußverfahren, eine Hilfsstellung geben können?

Vielleicht ist es möglich, aus der Annahme einer bestimmten Definition für die Arbeitsproduktivität und der Gegenüberstellung ihrer Entwicklung zu der des Durchschnittslohnes unter Zuhilfenahme exakter mathematischer Schlußfolgerungen zu Ergebnissen zu gelangen, die mit der Wirklichkeit in Widerspruch bzw. nicht in Widerspruch stehen und daraus auf die Brauchbarkeit der Definition zu schließen?

Bei der Untersuchung ökonomischer Erscheinungen mit Hilfe der Mathematik, insbesondere bei der Aufstellung von sogenannten ökonomisch-mathematischen Modellen, ist es meist notwendig, zunächst von vielen Faktoren, die in der Wirklichkeit vorhanden sind und das Geschehen beeinflussen, zu abstrahieren. Es erhebt sich hierbei die Frage, inwie weitdurch diese Abstraktionen die Untersuchungen überhaupt noch sinnvoll bleiben. Ich greife diesen Gedanken hier deshalb auf, weil man gelegentlich daraus ableitet, es handele sich bei der Anwendung der Mathematik in der Ökonomie nur um Spielereien.

Die Notwendigkeit, theoretische Untersuchungen unter weitgehender Abstraktion vorzunehmen, kann man sowohl aus der Entwicklung der ökonomischen Wissenschaft selbst, als auch aus der Entwicklung anderer Wissensgebiete entnehmen. Für die Ökonomie braucht hier nur auf die eben erwähnten Untersuchungen der erweiterten Reproduktion unter der wesentlichen Abstraktion $c:v =$ const hingewiesen zu werden. Trotz der wirklichkeitsfremden Annahme von der Konstanz der organischen Zusammensetzung des Kapitals haben die Untersuchungen über die Reproduktionsbeziehungen von Marx fundamentale Bedeutung für die Politische Ökonomie.

Betrachten wir von den anderen Wissensgebieten dasjenige, auf dem hinsichtlich der Mathematik bisher die größten Erfolge zu verzeichnen sind — die Physik.

Für die Physik hat die mathematische Durchdringung des freien Falls und des Wurfs im luftleeren Raum eine äußerst wichtige Rolle bei der Entwicklung zu einer exakten Wissenschaft gespielt. Es wird auch kaum jemand bezweifeln, daß jeder, der sich heutzutage mit physikalischen Problemen befassen will, zunächst einmal diese Bewegungsvorgänge im luftleeren Raum studieren muß, obwohl wir es in der Wirklichkeit im allgemeinen nicht mit einem luftleeren Raum zu tun haben.

In der Grundlagenforschung ist es also notwendig, gewisse Abstraktionen vorzunehmen, um zunächst einmal die grundlegenden Zusammenhänge klarzulegen, wobei man sich dessen bewußt sein muß, daß eine unmittelbare Anwendung auf die Wirklichkeit nicht möglich ist.

Durch schrittweise Beseitigung der vorgenommenen Abstraktionen wird man zu Modellen kommen, die immer besser der Wirklichkeit entsprechen. Die Aussagen, die man aufgrund mathematischer Überlegungen erarbeitet, und die zahlenmäßigen Ergebnisse, die man dabei erzielt, können allerdings die Wirklichkeit niemals genauer widerspiegeln als die Wirklichkeit mit den mathematisch formulierten Voraussetzungen bzw. gegebenen Zahlen übereinstimmt; andernfalls mißbraucht man die Mathematik.

In diesem Zusammenhang ist es notwendig, auf den Mißbrauch der Mathematik in der bürgerlichen Ökonomie hinzuweisen.

Ausgehend von falschen Voraussetzungen versuchen bürgerliche Ökonomen, durch eine mathematische Umschreibung ihre Behauptungen als wissenschaftlich darzustellen und damit glaubhaft zu machen. Besonders trifft das für die verschiedenen Schulen der Ökonometrie zu, die Verfahren der Mathematik, der Ökonomie und der Statistik vereinen.

Daraus darf man jedoch nicht schließen, daß es nicht sehr nützlich sein kann, bestimmte spezielle Verfahren der bürgerlichen Ökonometrie auf ihre Verwendungsmöglichkeit bei uns zu überprüfen. Man sollte sich hierbei der Worte Lenins erinnern, daß man keinem einzigen Professor der Politischen Ökonomie, der imstande ist, auf dem Gebiet spezieller Tatsachenforschung die wertvollsten Arbeiten zu liefern, auch nur ein Wort glauben darf, sobald er auf die allgemeine Theorie der Politischen Ökonomie zu sprechen kommt.

Bei der Erörterung der Stellung zur Ökonometrie hat die Frage nach Herausbildung einer speziellen wissenschaftlichen Disziplin in dem Grenzbereich zwischen Ökonomie und Mathematik und dem evtl. Namen dieser Disziplin – soll sie etwa „Sozialistische Ökonometrie" heißen? – eine große Rolle in der wirtschaftswissenschaftlichen Literatur der sozialistischen Länder gespielt.

Ich möchte hier nicht die theoretische Diskussion über das Verhältnis von Grund- und Hilfswissenschaften, über die Herausbildung von Spezial- und Zwischendisziplinen fortsetzen, sondern von den in diesem Zusammenhang auftretenden praktischen Fragen ausgehen.

Auf der 1. Sitzung der neugewählten Sektion „Wirtschaftswissenschaft“ der Deutschen Akademie der Wissenschaften wurde im Zusammenhang mit der Erörterung des Forschungsprogramms die Frage aufgeworfen, ob es richtig ist, einen speziellen Forschungsbereich „Mathematik und Ökonomie“ zu bilden.

Bei der Ausbildung von Studenten an den Hochschulen und Universitäten steht die Frage nach Schaffung einer speziellen Fachrichtung.

Von sehr vielen Seiten wird die Forderung nach Herausgabe einer speziellen Zeitschrift erhoben.

Alle diese Forderungen nach tiefgründiger Erforschung der speziellen mathematischen Verfahren, die für Anwendungen auf ökonomischem Gebiet eine große Rolle spielen bzw. spielen werden, sowie die Forderungen nach Schaffung der entsprechenden Voraussetzungen hierzu sind richtig und notwendig. Sie sollten schnellstens verwirklicht werden und dabei die allseitige Unterstützung der Sektion Wirtschaftswissenschaft finden.

Aber diese Hervorkehrung der Spezialfragen birgt eine Gefahr in sich, die Gefahr, daß sich ein Teil der Ökonomen der Anwendung der Mathematik gegenüber weiterhin reserviert verhält in der Annahme, daß das eine Angelegenheit von Spezialisten sei.

Die bisherigen Ausführungen dürften aber klargelegt haben, daß die stärkere Untersuchung der quantitativen Seiten und damit die Ausnutzung mathematischer Methoden für alle Gebiete der Ökonomie gilt, daß die wissenschaftliche Durchleuchtung eines Problems nur als vollkommen gelten kann, wenn auf der Grundlage der qualitativen Analyse auch die quantitativen Seiten untersucht worden sind.

Für die Bildung eines speziellen Forschungsbereiches „Ökonomie und Mathematik“ gibt es zwei Gründe:

Erstens ist es notwendig, sich mit einigen grundlegenden Fragen der Anwendung der Mathematik in der Ökonomie näher auseinanderzusetzen, mit solchen Fragen, wie sie in den bisherigen Ausführungen angeschnitten wurden, aber damit nicht geklärt sind, d. h. die Fragen der Stellung zur bürgerlichen Ökonometrie, die Frage, ob die Mathematik nicht auch bei Untersuchungen der qualitativen Zusammenhänge eine Unterstützung geben kann, die Frage nach der Entwicklung der Ökonomie zu einer exakten Wissenschaft usw.

Die zweite Ursache für die Berechtigung, einen speziellen Forschungsbereich zu bilden, ist die erwähnte Tatsache, daß sich in letzter Zeit einige spezielle Anwendungsgebiete bestimmter mathematischer Verfahren entwickelt haben, denen allergrößte Bedeutung für die Wirtschaftspraxis beizumessen ist. Besonders bezieht sich das auf die Untersuchung der Verflechtungsbeziehungen und auf die Optimierung ökonomischer Prozesse, die mathematisch auf die Matrizenrechnung und die Linearprogrammierung führen.

Die wichtigste Arbeit bei der Anwendung der Mathematik zur Lösung von praktischen Aufgaben der Planung und Leitung der Volkswirtschaft ist die Ausarbeitung der sogenannten ökonomisch-mathematischen Modelle, der ökonomischen Schemata, die die quantitativen Zusammenhänge der verschiedenen ökonomischen Erscheinungen darstellen. Klassisches Beispiel für ein solches Modell sind neben den Reproduktionsschemata die Beziehungen zwischen Mehrwertrate, Profitrate und organischer Zusammensetzung des Kapitals.

Aus den Gleichungen

$$\text{Profitrate} \qquad p' = \frac{m}{c+v}$$

$$\text{Mehrwertrate} \qquad m' = \frac{m}{v}$$

erhält man durch Division

$$\frac{p'}{m'} = \frac{v}{c+v};$$

d. h. es verhält sich die Profitrate zur Mehrwertrate wie das variable zum Gesamtkapital.

Weiterhin kann man aus

$$p' = \frac{m}{c+v} = \frac{m'}{\frac{c}{v}+1}$$

die Auswirkung der steigenden organischen Zusammensetzung des Kapitals auf die Profitrate bei gleichbleibender Mehrwertrate ablesen. Die Profitrate verändert sich weniger stark als die organische Zusammensetzung des Kapitals. Ausführlich sind diese Probleme im 3. Kapitel des 3. Bandes des „Kapital“ untersucht.

Kommen wir nun zu einem Modell, das bei uns Anwendung findet bzw. finden kann.

Wie bereits in der Einleitung gesagt, richtet sich eine der Forderungen der letzten ZK-Tagung zur Vervollkommung der Planung und Leitung der Volkswirtschaft auf die Aufstellung und Anwendung von Verflechtungsbilanzen.

Es sei daher hier das zu den Verflechtungsbilanzen gehörige mathematische Modell erläutert und kurz dargestellt, welche Anwendungsmöglichkeiten für die Praxis daraus abgeleitet werden können. In einfachster Form kann man die Verteilung der Produktion durch folgende Gleichung darstellen:

$$P = M + B$$

Unter $M$ soll hierbei der Teil der Produktion verstanden werden, der als Material wieder in den Produktionsprozeß eingeht, während $B$ außerhalb des betrachteten Produktionskomplexes verwendet werden soll, d. h. z. B. für Konsumtion, für den Export, für Investitionsausrüstungen usw. Diese Gleichung kann aufgestellt werden für ein einzelnes Erzeugnis, für einen Wirtschaftszweig oder auch für die Volkswirtschaft insgesamt, also für gewisse Komplexe der Produktion. In dieser Form hat die Gleichung allerdings noch keine große Aussagekraft, und es ist erforderlich, eine Untergliederung vorzunehmen.

Hat man es beispielsweise mit 5 Erzeugnissen oder Erzeugnisgruppen zu tun, so erweitert sich die Gleichung zu folgendem Gleichungssystem:

$$P_1 = M_{11} + M_{12} + M_{13} + M_{14} + M_{15} + B_1$$
$$P_2 = M_{21} + M_{22} + M_{23} + M_{24} + M_{25} + B_2$$
$$P_3 = M_{31} + M_{32} + M_{33} + M_{34} + M_{35} + B_3$$
$$P_4 = M_{41} + M_{42} + M_{43} + M_{44} + M_{45} + B_4$$
$$P_5 = M_{51} + M_{52} + M_{53} + M_{54} + M_{55} + B_5$$

verkürzt geschrieben: $P_i = \sum_k M_{ik} + B_i$

Hier bedeutet $M_{25}$ den Teil der Produktion des Erzeugnisses 2, der als Material bei der Produktion des Erzeugnisses 5 verbraucht wird. Es kann sich hierbei sowohl um mengenmäßige Angaben als auch um Zahlen in DM handeln. Man könnte sich hierunter z. B. vorstellen, daß man den Komplex der Schwarzmetallurgie vor sich hat und daß mit diesen Gleichungen die Verteilung der Produktion der 5 Haupterzeugnisse, wie z. B. Eisenerz, Roheisen, Walzstahl usw. dargestellt wird.

Durch Division des Materialverbrauchs durch die Produktion erhält man die direkten Materialeinsatzkoeffizienten:

$$m_{ik} = \frac{M_{ik}}{P_k}$$

hieraus folgt

$$M_{ik} = m_{ik} P_k$$

und damit das Gleichungssystem

$$P_i = \sum_k m_{ik} P_k + B_i$$

oder in der Vektorenschreibweise

$$\mathfrak{P} = \mathfrak{M} \times \mathfrak{P} + \mathfrak{B}$$

Das Problem der Ermittlung und der zeitlichen Veränderlichkeit dieser direkten Materialeinsatzkoeffizienten sei hier außer Betracht gelassen.

Aus diesen Formeln läßt sich, wenn die Höhe der Gesamtproduktion für jedes Erzeugnis bekannt ist, der Teil berechnen, der für Zwecke außerhalb des betrachteten Komplexes zur Verfügung steht. Geht man z. B. davon aus, daß aufgrund der vorhandenen Produktionskapazitäten eine Produktion von

200 Tt Erz
200 Tt Roheisen
300 Tt Rohstahl
und 200 Tt Walzstahl

möglich ist und daß ein Aufkommen von

200 Tt Schrott

zur Verfügung steht, so kann man durch die Formel

$$P_i - \Sigma m_{ik} P_k = B$$

und mit Hilfe der Materialeinsatzkoeffizienten

| | Eisenerz | Schrott | Roheisen | Rohstahl | Walzstahl |
|---|---|---|---|---|---|
| Eisenerz | 0 | 0 | 0,75 | 0 | 0 |
| Schrott | 0 | 0 | 0,15 | 0,6 | 0 |
| Roheisen | 0 | 0 | 0 | 0,5 | 0 |
| Rohstahl | 0 | 0 | 0 | 0 | 1,3 |
| Walzstahl | 0 | 0 | 0 | 0 | 0 |

die für andere Zwecke zur Verfügung stehenden Mengen berechnen und erhält:

$$200 - 0{,}75 \cdot 200 = 50$$
$$200 - 0{,}15 \cdot 200 - 0{,}6 \cdot 300 = -10$$
$$200 - 0{,}5 \cdot 300 = 50$$
$$300 - 1{,}3 \cdot 200 = 40$$
$$200 = 200$$

Das Ergebnis kann man folgendermaßen deuten:

50 Tt Erz zum Export
10 Tt Schrott Import erforderlich
50 Tt Roheisen für Gießereien
40 Tt Rohstahl für Schmiedestücke
200 Tt Walzstahl für den Maschinenbau

Es handelt sich noch um sehr einfache Berechnungen, die man natürlich auch ohne Hilfe der Mathematik durchführen kann, wie es auch tagtäglich in unseren Wirtschaftsorganen geschieht. Will man sich jedoch hierzu der Hilfe von Lochkarten — und Elektronenrechenmaschinen bedienen, so ist es notwendig, die erforderlichen Angaben in ein mathematisch formuliertes System zu bringen, da diese Maschinen nur diese Sprache verstehen.

In der Staatlichen Plankommission wurde diese Möglichkeit der modernen Rechentechnik z. B. in der Hinsicht ausgenutzt, daß für 90 Erzeugnisse des Maschinenbaus die Materialeinsatzkoeffizienten für 18 Materialien (vorwiegend handelt es sich hierbei um die einzelnen Sortimente von Walzstahl) festgestellt und diese 1620 Zahlen auf Lochkarten übertragen wurden. Es konnte jetzt innerhalb sehr kurzer Zeit für mehrere Varianten der Produktion, d. h. für mehrere Varianten in bezug auf die Höhe der zu produzierenden Maschinenbauerzeugnisse, der dazugehörige Materialbedarf berechnet werden. In diesem Fall hat obige Formel die einfache Gestalt

$$M_i = \sum_k m_{ik} P_k$$
$$i = 1, 2 \ldots\ldots\ldots, 18$$
$$k = 1, 2 \ldots\ldots\ldots, 90$$

Während für die Durchrechnung von 10 solchen Planvarianten bei manuellen Rechnern ein Arbeitsaufwand von mehr als 200 Stunden erforderlich ist, konnten diese Arbeiten maschinell in 20 Stunden durchgeführt werden. Geht man noch davon aus, daß der Hauptteil der Arbeitszeit bei der maschinellen Berechnung auf die Anfertigung von Lochkarten entfällt und daß diese Arbeiten bereits lange Zeit vor der eigentlichen Planausarbeitung durchgeführt werden können, so ergibt sich, daß man für die Durchrechnung einer Variante einschließlich des Schreibens der Ergebnisse in Maschinenschrift weniger als 1 Stunde benötigt.

An diesem Beispiel wird wohl sehr deutlich, welche Vorteile die moderne Rechentechnik in der zentralen Volkswirtschaftsplanung mit sich bringt.

Häufig wird die Aufgabe allerdings umgekehrt gestellt. Der Bedarf für Konsumtion, Export usw. ist als Forderung gegeben und die Höhe der Produktion einschließlich der Produktion des erforderlichen Materials ist gesucht. Nehmen wir z. B. an, es liege ein Bedarf vor von

30 Tt Roheisen für Gießereizwecke
20 Tt Roheisen für Schmiedestücke
100 Tt Walzstahl für den Maschinenbau,

den wir mit $\mathfrak{B}_1$ bezeichnen wollen. Zunächst einmal müssen die genannten Erzeugnisse als solche in der vorgegebenen Höhe produziert werden. Hieraus ergibt sich aber innerhalb des Bereiches Schwarzmetallurgie — auf den wir uns hier beschränken wollen — ein Materialbedarf, den man erhält, indem man die Bedarfszahlen $\mathfrak{B}_1$ mit den Materialeinsatzkoeffizienten multipliziert.

Es entsteht der Materialbedarf $\mathfrak{B}_2$

$$\mathfrak{B}_2 = \mathfrak{M} \times \mathfrak{B}_1$$

Aus $\mathfrak{B}_2$ ergibt sich aber ein erneuter Materialbedarf, den man in folgender Weise berechnen kann:

$$\mathfrak{B}_3 = \mathfrak{M} \times \mathfrak{B}_2 = \mathfrak{M} \times \mathfrak{M} \times \mathfrak{B}_1$$

Diese Überlegungen muß man weiter fortsetzen bis man bei den Ausgangsprodukten angelangt ist. Man erhält schließlich:

$$\begin{aligned}\mathfrak{P} &= \mathfrak{B}_1 + \mathfrak{B}_2 + \mathfrak{B}_3 + \mathfrak{B}_4 + \dots \\ &= \mathfrak{B}_1 + \mathfrak{M}\mathfrak{B}_1 + \mathfrak{M}\mathfrak{M}\mathfrak{B}_1 + \dots \\ &= (\mathfrak{E} + \mathfrak{M} + \mathfrak{M}^2 + \mathfrak{M}^3 + \dots) \cdot \mathfrak{B}_1\end{aligned}$$

Die Durchrechnung des Zahlenbeispiels ergibt:

| | $\mathfrak{B}_1$ | $\mathfrak{B}_2$ | $\mathfrak{B}_3$ | $\mathfrak{B}_4$ | $\Sigma\mathfrak{B}_i$ |
|---|---|---|---|---|---|
| Eisenerz | 0 | 22,5 | 7,5 | 4,9 | 34,9 |
| Schrott | 0 | 16,5 | 9,3 | 1,0 | 26,8 |
| Roheisen | 30 | 10 | 6,5 | 0 | 46,5 |
| Rohstahl | 20 | 13 | 0 | 0 | 33 |
| Walzstahl | 10 | 0 | 0 | 0 | 10 |

Die Höhe der insgesamt erforderlichen Produktion $\mathfrak{P}$ erhält man also durch Multiplikation von

$$\mathfrak{E} + \mathfrak{M} + \mathfrak{M}^2 + \mathfrak{M}^3 + \ldots.$$

mit dem Endbedarf $\mathfrak{B}_1$. Man nennt obigen Ausdruck daher die „Matrix der vollen Bedarfskoeffizienten“. Sie hat für das Zahlenbeispiel folgende Gestalt:

| | | | | |
|---|---|---|---|---|
| 1 | 0 | 0,75 | 0,375 | 0,49 |
| 0 | 1 | 0,15 | 0,68 | 0,87 |
| 0 | 0 | 1 | 0,50 | 0,65 |
| 0 | 0 | 0 | 1 | 1,30 |
| 0 | 0 | 0 | 0 | 1 |

Es wurde hier ein einfaches Beispiel aus der Metallurgie gewählt. Handelt es sich nicht um eine Stufenproduktion, sondern (wie in der chemischen Industrie) z. B. darum, daß ein Erzeugnis direkt oder indirekt in dasselbe Erzeugnis wieder eingeht, so ist auch der linke untere Teil der Matrix mit Zahlen besetzt und man erhält eine unendliche Reihe; die Zahlen werden hierbei allerdings immer kleiner. Mathematisch kann man die Summe dieser Reihe mit Hilfe der Matrizeninversion unmittelbar berechnen.

Es gilt $$\mathfrak{E} + \mathfrak{M} + \mathfrak{M}^2 + \ldots. = (\mathfrak{E} - \mathfrak{M})^{-1}$$

Diese Verflechtungstabelle und ihr mathematisches Modell kann man, wie bereits erwähnt, nicht nur für einzelne Erzeugnisse auf der Basis von Mengenangaben, sondern auch für die Verflechtung der Industriezweige auf der Grundlage von Wertangaben aufstellen. Da eine allseitige Verflechtung der Zweige besteht, d. h. da nicht nur z. B. die chemische Industrie Erzeugnisse an die Textilindustrie liefert, sondern auch umgekehrt, sind nahezu sämtliche Felder einer solchen Verflechtungstabelle besetzt.

Wir rechnen in der DDR in der Regel mit 22 Industriezweigen, d. h. wir bekommen eine Tabelle mit 22 Zeilen und 22 Spalten. Für spezielle Zwecke wurde eine solche Tabelle auf 8 × 8 konzentriert, und wir sehen in der nachstehenden Tabelle eine Spalte aus dieser Verflechtungstabelle, und zwar die Spalte für die Chemie. Die Zahlen geben an, wieviel Material nötig ist, um für eine Werteinheit chemische Erzeugnisse herzustellen. Auch für die Industrie insgesamt gilt

$$\mathfrak{P} = \mathfrak{M} \times \mathfrak{P} + \mathfrak{B}$$

und man muß, falls der Bedarf $\mathfrak{B}$ für Export, Konsumtion usw. gegeben ist und die Höhe der Gesamtproduktion nach Zweigen berechnet werden soll, eine Inversion der Matrix ($\mathfrak{E}$—$\mathfrak{M}$) vornehmen, um die vollen Bedarfskoeffizienten zu berechnen.

| | Direkte Bedarfskoeffizienten der chemischen Industrie | Volle Bedarfskoeffizienten der chemischen Industrie |
|---|---|---|
| Energie und Kohle | 0,05 | 0,11 |
| Metallurgie | 0,01 | 0,01 |
| Chemie | 0,28 | 1,40 |
| Baustoffe, Glas | 0,01 | 0,01 |
| Maschinenbau | 0,01 | 0,04 |
| Textil und Leder | 0,02 | 0,04 |
| Holz, Papier, Polygrafie | 0,02 | 0,04 |
| Lebensmittel | 0,01 | 0,03 |

In der 2. Spalte sehen wir diese vollen Bedarfskoeffizienten ebenfalls für die chemische Industrie. Die Inversion einer solchen 8-reihigen Matrix kann man an einem Tage durchführen. Handelt es sich jedoch um die volle 22-reihige Matrix, so benötigt man für die Berechnung der Inversion mit Hilfe von Tischrechenmaschinen mehr als eine Woche. Auf der Elektronenrechenmaschine URAL 1 wurde diese Berechnung in 30 Minuten durchgeführt.

Um diese Berechnungen in der Praxis fruchtbar anwenden zu können, sind noch sehr viele Voraussetzungen hinsichtlich der Bereitstellung von exaktem Zahlenmaterial zu schaffen, aber um z. B. einen Überblick darüber zu erhalten, welche Auswirkung eine nachträgliche

Forderung von 100 Millionen DM chemischer Erzeugnisse für den Export auf einen ausbilanzierten Plan hat, kann man die vorhandenen Zahlen schon verwenden. Man wird daraus Anhaltspunkte gewinnen können, wie aufgrund einer solchen Forderung die Produktion der einzelnen Industriezweige erhöht werden muß, wenn, wie gesagt, ein Bedarf lediglich in dem einen Zweig vorhanden ist.

Wir haben bei unseren Überlegungen die direkten Materialeinsatzkoeffizienten $m_{ik}$ als bekannt vorausgesetzt und damit angenommen, daß sie aus den Ergebnissen statistischer Erhebungen unmittelbar zu entnehmen sind; das ist nicht der Fall.

Die Ursache dafür ist darin zu suchen, daß wir es in unserer Wirtschaft nicht mit sogenannten reinen Zweigen zu tun haben. Fast in jedem Industriebetrieb werden neben Erzeugnissen, die typisch sind für den Industriezweig, dem der Betrieb angehört, auch Erzeugnisse anderer Zweige hergestellt. Z. B. werden in den Leuna-Werken „Walter Ulbricht" neben den für diesen Betrieb typischen chemischen Erzeugnisse auch viele Maschinenbauerzeugnisse, Elektroenergie usw. erzeugt.

In fast jedem Industriebetrieb werden also nicht nur Produkte aus verschiedenen Zweigen als Material *verbraucht*, sondern auch Produkte aus verschiedenen Zweigen (richtiger: Erzeugnisgruppen) *erzeugt*.

Das bisher erläuterte Modell für die Verflechtung der Zweige, in dem nur der *Verbrauch* verschiedenster Erzeugnisse in einem Zweig zum Ausdruck kam, reicht also für eine möglichst genaue Widerspiegelung der Wirklichkeit nicht aus. Um auch die Tatsache der *Erzeugung* der verschiedensten Artikel in einem Zweig darzustellen, muß man in das mathematische Modell eine zweite Matrix einbeziehen, die sogenannte Verflechtung der örtlichen und technischen Einheiten.

Das zuerst aufgestellte Modell gibt also — wenn man es auf die Verflechtung der Zweige bezieht — nur ein sehr grobes Bild der Wirklichkeit, es enthält sehr viele Abstraktionen. Eine davon wird fallengelassen, wenn die erwähnte Matrix der Verflechtung der sogenannten technisch-örtlichen Einheiten einbezogen wird. Um das Modell immer mehr der Wirklichkeit anzunähern, müssen Schritt für Schritt weitere Abstraktionen fallengelassen werden, z. B. die Unterstellung, daß keine importierten Waren als Material eingesetzt werden. Das Modell wird damit zwar immer komplizierter, spiegelt dann aber auch die Wirklichkeit immer besser wider.

Das grundlegende Modell der Verflechtungsbeziehungen ist bereits in sehr vielen Veröffentlichungen beschrieben. Eine der wissenschaftlichen Aufgaben, die vor uns stehen, ist die Verfeinerung dieses Modells in der Richtung, daß es unsere konkrete Wirklichkeit in der Wirtschaft der DDR möglichst genau zum Ausdruck bringt.

Die Anwendung der Verflechtungsbilanzen und ihre mathematische Auswertung durch die Matrizenrechnung hat nicht nur für die Planung der Produktion und für Fragen der Materialverteilung Bedeutung. Um z. B. die vorhandenen Disproportionen in unserem Preisgefüge grundlegend zu beseitigen, werden die Verflechtungsbilanzen zweifellos einmal im größten Ausmaß Anwendung finden. Auf andere Art und Weise dürfte es kaum möglich sein, die Auswirkungen von Preisänderungen von einigen Erzeugnissen auf alle Vor- und Nacherzeugnisse in absehbarer Zeit festzustellen.

Ein ganz anderes ökonomisches Problem, das aber auf ein ähnliches mathematisches Modell hinausläuft, ist der Zusammenhang zwischen Verbrauchsstruktur und Einkommensstruktur der Bevölkerung.

Aus der Statistik der Wirtschaftsberechnungen kann man den Verbrauch an wichtigen Erzeugnissen bzw. Erzeugnisgruppen und Dienstleistungen in Abhängigkeit von der Einkommenshöhe und Familiengröße entnehmen. Bei vorgesehenen Lohnerhöhungen für bestimmte Gruppen ist es möglich, die Auswirkungen auf die Struktur des Verbrauchs kurzfristig und in mehreren Varianten zu berechnen, was eine wesentliche Hilfe für die Planung des Einzelhandelswarenumsatzes sein kann.

Neben der Anwendung mathematischer Methoden in Zusammenhang mit der Ausnutzung von Verflechtungsbilanzen gibt es ein zweites, umfangreiches neues Gebiet, gewissermaßen eine höhere Stufe der Anwendung der Mathematik, die sogenannten Optimierungsprobleme. Hierbei wird jeweils nach einem bestimmten Gesichtspunkt die günstigste Lösung eines ökonomischen Problems berechnet.

Die mathematischen Methoden gestatten es z. B., für einen Industriebetrieb das Produktionssortiment so zu berechnen, daß die höchste Warenproduktion erzielt wird. Dabei können einschränkende Bedingungen z. B. hinsichtlich der zur Verfügung stehenden Kapazitäten und der Materialbereitstellung gegeben sein.

Beispiele von Optimierungsproblemen sind schon auf den verschiedensten Gebieten der Wirtschaft in größerer Anzahl durchgerechnet worden. Weniger bei uns in der DDR als vielmehr in der UdSSR, der Ungarischen Volksrepublik sowie in der CSSR und der Polnischen Volksrepublik. Dabei wurden recht erhebliche Einsparungen rechnerisch nachgewiesen.

Die Aufstellung des entsprechenden mathematischen Modells und die Auflösung desselben (die Programmierung im allgemeinen Sinne) und die Zusammenstellung der Schaltungen für die spezielle Elektronenrechenmaschine, auf der die numerische Lösung erfolgen soll (die Programmierung im engeren Sinne), sind recht umfangreiche Arbeiten, so daß es sich oft erst lohnt, wenn die Berechnung wiederholt in gewissen Zeitabständen erfolgt. Erkundigt man sich aber bei den vielen vorhandenen Beispielen nach der regelmäßigen Durchführung, entsprechender Berechnungen, so wird deren Zahl bedeutend kleiner und reduziert sich vorwiegend auf sogenannte Transportprobleme.

Im Zusammenhang mit der Erörterung der Ursachen für die bisher sehr geringe Zahl von regelmäßigen Anwendungen möchte ich kurz auf ein Beispiel verweisen, das von Instituten der Deutschen Bauakademie in Zusammenarbeit mit Berliner Baubetrieben ausgearbeitet wurde.

Als Aufgabe war gestellt, bei vorgegebenem Aufwand an Arbeitskräften und Baustoffen ein solches Sortiment an Wohnungen zu berechnen, daß bei maximaler Ausnutzung der vorhandenen Mittel und unter Berücksichtigung der Struktur des Bedarfs möglichst viele Wohnungen gebaut werden. Fertiggestellt werden sollten 2-Zimmerwohnungen, $2^1/_2$-Zimmerwohnungen und Wohnungen mit $2\,^2/_2$ Zimmern in der Relation 3 : 5 : 2. Für neun verschiedene Typenbauten wurden die Kennzahlen pro Wohnungseinheit an Investitionen, Arbeitskräften, Montagekränen, Zement, Stahl, Schnittholz, Mauersteinen usw. in den Baubetrieben ermittelt. Gegeben waren weiterhin für die einzelnen Materialien sowie für Investitionen und Arbeitskräfte obere Begrenzungen. Die mit Hilfe der Elektronenrechenmaschine ZRA 1 in Jena durchgeführten Berechnungen ergaben die Zahl der zu bauenden Wohnungseinheiten für fünf Bautypen, während die übrigen Bautypen zur Erzielung des Optimums hinsichtlich der Anzahl der Wohnungen nicht gebaut werden dürfen.

Tatsächlich gebaut wurden die einzelnen Bautypen in ganz anderer Anzahl als theoretisch ermittelt. Die Analyse des Ergebnisses führte zu der Schlußfolgerung, daß man allergrößten Wert auf eine genaue

Ermittlung der Ausgangszahlen, d. h. auf die praktische Bestimmung der technisch-ökonomischen Kennziffern legen muß.

Diese Schlußfolgerung ist für den Theoretiker sicher weniger interessant. Trotzdem muß man sie hier hervorheben, weil sie der Angelpunkt dafür zu sein scheint, ob es gelingt, aus der Anwendung mathematischer Methoden in der nächsten Zeit effektiven Nutzen größten Ausmaßes zu erzielen. Bei der Untersuchung einzelner konkreter ökonomischer Vorgänge in Betrieben durch wissenschaftliche Institutionen mit dem Ziel der Anwendung mathematischer Methoden sollte man daher gleichzeitig mit untersuchen, durch welche Methoden die Gewinnung einwandfreier Ausgangszahlen verbessert werden kann.

Neben den beiden, jetzt stets im Mittelpunkt stehenden Methoden, Anwendung der Matrizenrechnung und Lösung von Optimalproblemen, darf man andere wichtige Gebiete nicht vergessen. Ich möchte hiervon nur eines erwähnen: die Statistische Qualitätskontrolle.

Nachdem im Jahre 1952 mit den ersten systematischen Arbeiten durch das Institut für Angewandte Mathematik und Mechanik begonnen worden war, kann man sagen, daß heutzutage in allen Zweigen der industriellen Fertigung versucht wird, mathematisch-statistische Methoden zur Qualitätskontrolle einzuführen. Als Beispiel soll der Betrieb VEB Elektromotorenwerk Wernigerode dienen, der seit 1955 an den Schwerpunkten des Betriebes Kontrollkarten anwendet. Mit Hilfe von Kontrollkarten ist es möglich, den Fertigungsprozeß so zu regulieren, daß nur ein Minimum an Ausschuß und Nacharbeit anfällt. Gestützt auf die durch die Kontrollkarten gegebenen Hinweise, wurde einschließlich sämtlicher qualitätsverbessernder Maßnahmen eine laufende Senkung der Kosten für Ausschuß, Nacharbeit und Garantieleistung erreicht. So beträgt z. B. die Senkung der Gesamt-Fehlleistung 64% gegenüber dem Jahre 1955. Der selbstverschuldete Ausschuß konnte gegenüber 1955 um 76% gesenkt werden. Das in einzelnen Fertigungsabschnitten erreichte gute Qualitätsniveau ermöglichte eine Senkung des Kontrollaufwandes um 73% gegenüber 1955. Die Einsparungen betrugen seit Einführung der Statistischen Qualitätskontrolle in diesem Betrieb mehr als 5 Millionen DM.

Neben den bereits erwähnten Ursachen für die verstärkte Beschäftigung mit den Problemen der Anwendung der Mathematik in der Ökonomie gibt es eine weitere sehr bedeutende: es ist die gewaltige Entwicklung der Elektronenrechenmaschinen in den letzten Jahren.

Auf naturwissenschaftlichem und technischem Gebiet sind die Erfolge dabei am sichtbarsten. Ich brauche wohl bloß auf die sowjetischen Weltraumflüge zu verweisen. Die hierzu erforderlichen umfangreichen, dabei aber sehr kurzfristigen Berechnungen wären ohne modernste Rechenaggregate undenkbar. Fast von selbst drängt sich die Forderung auf, diese Möglichkeiten auch für die Planung und Leitung der Volkswirtschaft auszunutzen. Das ist aber nur möglich auf dem Wege über die Mathematik.

Die Rechengeräte teilt man bekanntlich in Analogie- und Digital- oder Ziffernrechner ein. Bei den Analogiegeräten tritt man an geeignete physikalische Größen messend heran. Die mathematischen Beziehungen werden in analoge Verknüpfungen physikalischer Größen umgesetzt. Mit Ausnahme des einfachsten Analogiegerätes, des Rechenstabes, kommen sie für ökonomische Berechnungen infolge ihrer geringen Genauigkeit, die nur wenig unter 1% liegt, kaum in Frage.

Die Digital- oder Ziffern-Rechner benutzen das Auftreten oder Nichtauftreten geeigneter physikalisch-technischer Zustände in einer Vielzahl von Trägern zur Darstellung von Zahlen. Sie können für jede beliebige Genauigkeit gebaut werden. Man schätzt, daß es gegenwärtig mehr als 10000 Digitalrechner auf der Basis von Elektronenröhren bzw. Halbleitern gibt.

Von den in der UdSSR gebauten großen Elektronenrechenmaschinen sind vor allem die BESM und die URAL bekannt geworden. Vom Typ URAL 1 befindet sich eine Maschine in Berlin im Institut für Angewandte Mathematik und Mechanik.

Von den bei uns gebauten Maschinen ist in erster Linie der Zeiß-Rechen-Automat ZRA 1 zu nennen, von dem bis Ende des Jahres zehn Stück hergestellt sein werden. Von der Technischen Hochschule Dresden und dem Funkwerk Dresden wurde ein Rechner D 1 entwickelt und in zwei Exemplaren gebaut. Sowohl die Jenaer wie auch die Dresdener Aggregate und die URAL 1 sind in erster Linie für technisch-naturwissenschaftliche Berechnungen geeignet.

Auf ökonomischem Gebiet kommen sie für solche Berechnungen wie Matrizen-Inversion, Lösung von Optimalproblemen mit der Simplex-Methode usw. in Frage.

Dem wissenschaftlichen Industriebetrieb ELREMA Karl-Marx-Stadt wurde die Aufgabe übertragen, Elektronenrechenmaschinen für ökonomische Zwecke zu entwickeln. Es wurden der programmgesteuerte Rechner PRA auf Röhrenbasis und der auf der Herbstmesse ausgestellte Cellatron SER 2 auf Halbleiterbasis entwickelt. Von beiden Maschinen muß man nach Fertigstellung sagen, daß sie sich für technisch-wissenschaftliche Berechnungen ebenfalls gut, wenn nicht sogar noch besser als für ökonomische Zwecke eignen. Diese kritische Bemerkung soll allerdings nicht an den Betrieb, sondern an alle Ökonomen gerichtet sein, die durch die Ausarbeitung von entsprechenden Modellen und Beispielen sowie durch unmittelbare Mitarbeit eine größere Unterstützung hätten geben sollen.

Neben den genannten Maschinen laufen in der DDR 2 französische Elektronenrechenmaschinen Gamma 3 in Verbindung mit Lochkartenmaschinen im VEB Maschinelles Rechnen.

Bei der Anwendung der modernen Rechentechnik in der Ökonomie geht es eigentlich um zwei Probleme, einmal um die numerische Lösung der bisher behandelten ökonomisch-mathematischen Aufgaben und zum anderen um die Datenverarbeitung im engeren Sinne, um die Erfassung und Aufbereitung von großen Massen von Zahlen.

Es wird dadurch z. B. möglich, die Daten über die Planvorschläge der Betriebe und der statistischen Abrechnung viel detaillierter zu erfassen und gleichzeitig alle erforderlichen Relationen, wie z. B. prozentuale Planerfüllungszahlen, zu berechnen. In Verbindung mit der modernen Nachrichtentechnik wird es möglich sein werden, in den wirtschaftsleitenden Organen viel schneller und viel detaillierter über alle Vorgänge zahlenmäßig informiert zu sein.

In Großbetrieben sowie in Banken und Versicherungen werden die Verfahren der modernen Datenverarbeitung zu einer wesentlichen Entlastung des Verwaltungsapparates führen.

Die wichtigsten *Aufgaben*, die auf dem behandelten Gebiet vor uns stehen, seien zum Schluß noch kurz zusammengefaßt:

1. Es ist notwendig, daß auf allen Gebieten der Ökonomie eine stärkere Hinwendung zur Erforschung der quantitativen Zusammenhänge auf der Basis von qualitativen Analysen erfolgt und dabei mathematische Methoden als Hilfsmittel herangezogen werden.
2. Für die Anwendung in der Praxis gilt es, nicht nur neue ökonomisch-mathematische Modelle zu entwickeln, sondern vor allem die vorhandenen so zu verfeinern, daß sie den konkreten Bedingungen in der Planung und Leitung der Volkswirtschaft der DDR entsprechen.

3. In methodischer und organisatorischer Hinsicht müssen die Voraussetzungen für die Gewinnung einwandfreier Ausgangszahlen geschaffen werden, um einen größtmöglichen Nutzen aus der Anwendung mathematischer Methoden in der Praxis ziehen zu können.
4. Für alle Studenten der Wirtschaftswissenschaften ist die Grundausbildung in Mathematik zu erweitern. Darüber hinaus sind Ausbildungsmöglichkeiten für Spezialkader zu schaffen.
5. Durch Herausgabe einer Fachzeitschrift, Übersetzung der einschlägigen Literatur der sozialistischen Länder und Aufbau einer Dokumentation sind die wissenschaftlichen Arbeiten auf dem Gebiet der Anwendung mathematischer Methoden in der Ökonomie zu unterstützen.

FSC
www.fsc.org
MIX
Papier | Fördert gute Waldnutzung
FSC® C083411

Kolibri 360 GmbH
Ferdinand-Jühlke-Straße 7
99095 Erfurt, Deutschland
produktsicherheit@kolibri360.de